致露西，
希望妳的地球充滿綠意，
森林茂密、海洋中有各式各樣的生物，
未來有豐富而美麗的冒險。

**感謝以下專家提供協助：**
亨利・夏普提耶（Henri Chapouthier）、
呂西樂・愛爾布斯（Lucile Erbs），
以及蘿拉・皮駿（Laura Pigeon）。

～環境教育延伸閱讀～

**最美的海洋**

**最美的森林**

**最美的生態花園**

SDGs 必讀小百科
# 最美的零碳生活

作　　者：愛曼汀・湯瑪士（Amandine Thomas）｜譯者：周明佳

出　　版：小樹文化股份有限公司
社長：張瑩瑩｜總編輯：蔡麗真｜副總編輯：謝怡文｜責任編輯：謝怡文｜行銷企劃經理：林麗紅
行銷企劃：李映柔｜校對：林昌榮｜封面設計：周家瑤｜內文排版：洪素貞

發　　行：遠足文化事業股份有限公司（讀書共和國出版集團）
地址：231 新北市新店區民權路 108-2 號 9 樓
電話：(02) 2218-1417 ｜傳真：(02) 8667-1065
客服專線：0800-221029 ｜電子信箱：service@bookrep.com.tw
郵撥帳號：19504465 遠足文化事業股份有限公司
團體訂購另有優惠，請洽業務部：(02) 2218-1417 分機 1124
特別聲明：有關本書中的言論內容，不代表本公司 / 出版集團之立場與意見，文責由作者自行承擔。

法律顧問：華洋法律事務所 蘇文生律師
出版日期：2024 年 2 月 29 日初版首刷

ISBN 978-626-7304-37-2（精裝）
ISBN 978-626-7304-36-5（EPUB）
ISBN 978-626-7304-35-8（PDF）

*Imagine ta planète…en 2030* by Amandine Thomas
© 2021 Éditions Sarbacane, Paris
Published in agreement with Éditions Sarbacane, through The Grayhawk Agency
Complex Chinese translation © 2024, Little Trees Press

讀者回函

小樹文化官網

小樹文化
Little Trees

# IMAGINE TA PLANÈTE... EN 2030

# 最美的零碳生活

**SDGs 必讀小百科**

愛曼汀·湯瑪士（Amandine Thomas）—— 著

周明佳 —— 譯

小樹文化
Little Trees

# 未來的地球，
# 會變成什麼樣子……

我們去
未來的地球
吧！

# 未來的房間

**嗶、嗶、嗶，鬧鐘響了，歡迎來到2030年。**
跳下床，準備迎接新的一天吧，但是房間似乎有一點……不太一樣。
這很正常啊，這幾年發生了很多事呢！

首先，地球上增加了將近10億人口，
真的好多人啊！雖然房間變小了……但是卻建造得更好，
就跟家中其他地方一樣，這些建築都使用了環保建材，
像是竹子、泥土或是生物水泥，這些建材全部都可以回收喔。
有些建材甚至是從舊的建築物中取得，像是房間的玻璃窗戶，或是木頭地板。
木頭地板的絕緣效果非常好，冬天時可以讓房子裡面保持溫暖；
到了夏天，房子裡就會變得很涼爽——我們再也不需要暖氣跟冷氣了！

雖然衣櫃、鞋子、背包，或是去學校時溜的滑板，
還是使用了小部分的塑膠材質，不過不再是石化塑膠，
而是用藻類製成的塑膠，或是從水瓶、被丟棄在海中的漁網，
甚至是口香糖回收後做成的。至於玩具，再也不需要買新的了——
最愛玩的樂高是媽媽小時候玩過的……這也是回收再利用喔！

竹子

回收玻璃

南邊

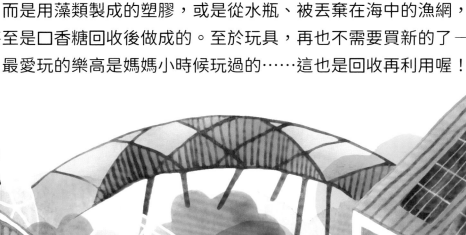

### 小小的改變，創造零碳生活

**讓「闊葉樹」調節房間溫度**

這不是在開玩笑喔，樹木真的可以控制房間的溫度！
只需要在房子南邊種闊葉樹
（秋天時，闊葉樹的葉子會落下）。
夏天時，闊葉樹茂密的葉子能遮陽，讓房子裡保持涼爽；
冬天時，光溜溜的樹枝可以讓溫暖的陽光照進屋子裡。
這樣一來，就能有效的節約能源呢！

闊葉樹

（答案請見第37頁）

## 零碳生活小知識

### 太陽能

你知道如果窗戶都朝向南邊、讓陽光照進屋子，就能讓房屋裡變暖和嗎？或者，你知道有些建材（像是磚頭）白天時會吸收熱能，晚上變冷時就會釋放熱能嗎？甚至有些「太陽能板」，可以讓空氣或水在板子下循環、藉由太陽能來緩慢加熱——也就是「太陽能熱水器」與「太陽能暖氣」。這樣一來，加熱洗澡水或使用暖氣時，都很方便。

## 小小的改變，創造零碳生活

### 減少用電，就能「節約能源」

「不用電」聽起來是不是很不可思議呢？因為發電會讓自然資源消耗得更快，也會影響氣候。現在已經有許多方法可以讓我們減少用電，像是「沙漠冰箱」——這不是真的冰箱，而是用潮溼的沙子來保存食物跟蔬菜；或是「腳踏攪拌機」——就像騎腳踏車那樣，用腳踩踏就能攪拌東西。這就是所謂的「低科技」。

# 未來的家

**有沒有注意到房子也變得不一樣了？**用太陽能運作的熱水器，加上使用回收材料做成的太陽能板，讓房子內的用電量變得非常少，甚至可以說是**零碳**，也就是房子所生產的熱能，跟它消耗的一樣多。所以，再也不會排放二氧化碳，也不會有電費帳單了！除此之外，還可以收集「雨水」替花園澆水，也可以用來洗澡或是洗碗盤；至於沖馬桶……「旱廁」萬歲！這種廁所「不需要用水」，而是用木屑喔！

不論是浴室還是廚房，都不再製造垃圾，也就是說，我們幾乎不丟任何東西到垃圾桶裡，而且僅剩的垃圾都可以回收，或是用堆肥的方式製成肥料 —— 可以運用在我們家跟鄰居的公用露台菜園。但是，我們居住的大樓或社區裡，菜園並不是唯一的公共空間，而且在這裡，**互助**跟**分享**非常重要，所以還有：「共享工作空間」，可以讓爸爸在這裡盡情使用無線網路；「公共廚房」裡有烤箱，可以用來烤麵包；「公共洗衣房」裡總是有好聞的味道……這樣一來，家裡只需要基本的電器，不需要買很多家電了。除此之外，每個人都努力不浪費水、電、食物；這樣一來，不僅省錢、減少消費，我們使用的資源也變少了。這對地球是非常好的！

共享工作空間

我！要加蜂巢蜜喔！

收集雨水

不需要用電，用腳踩就可以攪拌了。

公共廚房

公共花園

哇！

公共洗衣房

## 想一想，這句話正確嗎？

**使用網路不會消耗能源。**

錯了喔。2020年時，為了讓網路順暢，還有資料庫裝置使用中的電量、螢幕或手機，就消耗了全球10%的電力。所以，別在水手間、火車或是車上時，或沒事時看照片，或是在網路上瀏覽很久。

# 未來的城市

**大自然完美的融入了都市，還有我們居住的大樓四周，**
不只聽得到鳥鳴，還有蜜蜂的嗡嗡聲。上學路上，不是穿越馬路，
而是穿越了真正的小樹林，它不僅能降低溫度，也能過濾空氣。
我們跳過的不是排水溝，而是覆滿植被的小渠道，可以過濾跟排掉雨水。

我們可以在那些種了許多當季蔬果的公共花園裡玩「鬼抓人」遊戲，
還可以在垂直農場井井有條的各種蔬果間玩「躲貓貓」。
抬起頭來，會注意到許多全新以及整修過的建築物都漆成了白色，
這樣做可以反射陽光、避免城市裡的溫度過高。

布滿植物的屋頂，讓屋子冬暖夏涼；
屋子上面有一些**迷你風力發電機**跟**太陽能板**，它們生產的電力足以供應整個鄰里。
不過，幾乎看不到廣告招牌了，這樣一來，我們可以少買許多不需要的東西。
況且，少了那些不斷發光的廣告招牌，就可以減少使用能源跟稀有原料。

迷你風力發電機

新鮮水果跟蔬菜

市場

垂直農場

爆胎了……

啊，那我們一起修理。

嘿，等等我，我也要玩。

腳踏車

小渠道

## 小小的改變，創造零碳生活

### 「綠色城市」，跟大自然和諧共處

植物不僅能儲存二氧化碳，也能吸收跟過濾雨水，
讓城市就像一塊充滿水分的大海綿……
這樣一來，乾旱時就很有幫助了！
況且，綠色空間也可以促進生物多樣性，
還能有涼爽的空間。
居民甚至可以在當中建造公共花園與菜園。

蓄水池

想一想,這句話正確嗎?

現在,地球上只有55%人口居住在都市。但是到了2050年,將有70%人口居住在都市。

這句話是對的。所以,每 10 個人中就有 7 個人生活在都市中。我們就更需要知道如何建造未來的城市了。

零碳生活小知識

**仿生學**

你相信嗎?觀察大自然就能建造出聰明的城市。
事實上,這就是「仿生學」的原則——
透過模仿大自然,找到解決問題的方法。
我們可以從白蟻建造蟻丘的方法得到啟發,
牠們在蟻丘中留下許多小洞、自然的調節氣溫,
根本不需要電就能有涼爽的生活環境。

# 未來的交通

**上學路上，我們還注意到所有城市規畫，都是為了保護環境的生態系。**

不再有導致生物無法生存、綿延數十公里的大城市；相反的，
這裡有許多緊密的小街區（也就是說，居住在這裡的人很多），
小街區之間有非常快速、有效率的公共運輸工具相互連結，而且到處都有
蜿蜒而美麗的腳踏車道。此外，街道上都有小型的公共或社區電動接駁車，
這些車子甚至能夠到奶奶住的大樓門口接她（因為她不騎腳踏車）。

當交通網絡連結得這麼好，大家就不需要買車子了。
車子愈少、排放的二氧化碳愈少，汙染也就愈少，空氣品質也會變得更好，
街道也因為不塞車而安靜許多。

沒有車的停車場可以變成市中心的花園，
或是任由花草叢生、成為不受人類活動限制的野地。
這樣一來，大多數的居民都開始喜歡散步，就沒什麼好驚訝的了！
此外，每個街區都有基本公共服務，像是衛生所或是學校，
而且走路10分鐘就到了。再也沒有理由上學遲到嘍！

腳踏計程車

計程車

停車場

花園

來吧！放到厭氧消化槽裡。

捷運

## 小小的改變，創造零碳生活

### 騎「腳踏車」，也能保護地球

你知道少於5公里的距離，行進最快的其實是腳踏車
嗎？而且如果有其他設備，腳踏車還可以運送重達
200公斤的物品──買菜絕對沒問題！而行動不方便
的人，還可以用電動三輪車（比兩輪穩定多了），
或是腳踏計程車。

# 未來的學校

穿越學校四周的花園時，會發現許多年紀較小的孩子
正在採收學校餐廳要用的蔬菜，或是搭建昆蟲旅館，
讓授粉昆蟲可以居住。大孩子呢，他們正在測試課堂中
用回收材料做成的機器人，看它能不能自己種樹。

踏進教室，移動那些隔間牆真方便，
這樣一來，大家就能改變教室的空間規畫，
不論是小組活動、班級研討、還是個人研究……
哈哈，教室裡的空間一下子就變了！除此之外，課程也變得很彈性。
在這裡，最重要的是有創新的想法，
這在必須快速適應氣候變遷的世界很重要。
況且，很多工作都消失了，被原本不存在的工作與職業取代。
結果，就連大人也需要學很多新東西。

幸好，每個人都會分享自己擁有的知識跟技能。
改變很不容易，所以也要學會**同理心**（也就是站在別人的角度
來看事情），以及學會跟別人**合作**……因為，團結力量大！

走吧，去上
「植物課」了！

太好了！
可以學會如何辨認
那些野生植物了！

菜單
· 花園沙拉
· 新鮮普羅
旺斯雜燴
· 一年級生
採收的草莓

## 小小的改變，創造零碳生活

### 為貧窮國家的女性建立學校

你知道最容易受到氣候變遷影響的，
是貧窮國家的婦女嗎？
不過，只要小女生可以上學，
就能獲得需要的能力與知識、成為真正的領導者，
不僅能夠改善家人、村莊或是整個國家的生活水準，
也更有能力面對氣候變遷所帶來的挑戰。

那個，「人工光合作用」有什麼進展嗎？

喔，有啊！已經能用來製造生質燃料了。

生質燃料

所有東西都能回收

# 未來的工廠

種樹機器人、生質塑膠、功能強大的太陽能板……你一定會問，
這些各式各樣創新產品，在製造過程中怎麼可能不排放二氧化碳，
而且不會耗盡我們的自然資源呢？其實很簡單，為了對抗氣候變遷，
連工業都必須跟著進化。為了做到這一點，大家就必須學著……
從大自然中汲取靈感嘍！

就像在生態系裡，一個物種製造出的廢棄物可能是另一個物種的養分。跟同學一起參觀的
這些工廠，也能夠修理、回收或重新利用我們所製造的產品。為了不浪費能源與自然資源
來製造最後會被丟進垃圾桶的東西，大家採用了新的生產流程，也就是：當一個物件停止
運作時，就送回到工廠裡修理，或者是100%回收。**可生物分解**的包裝材料變成了肥料，
滋養植物，再用這些植物來製造新的包裝材料。即使是我們電腦跟手機裡
不可或缺的**稀土**，也能夠從垃圾中「萃取」。這樣一來，垃圾真的變成資源了！

因此，我們不再需要摧毀森林來開採原料，也不需要挖掘深海來探勘石油。
或許我們製造的產品變少了，但是我們保護了地球，這比擁有最新型電子產品
還重要，因為我們可能很快就會忘記自己曾經買過這些東西。

家電
修理

送貨區↓

分類中心

## 零碳生活小知識

### 生質塑膠

用藻類製成的塑膠……會變成沙拉嗎？
當然不會！比起用石油製造的塑膠，這種驚人的材質減少
許多汙染。由於可以被生物分解，海洋裡不再有塑膠微粒。
況且，製造過程中排放的二氧化碳變少了，
也不含對人類或其他生物有害的物質，工廠也不會
危害農田，畢竟農田對於生產食物來說，很重要呢！

塑膠

塑膠

晒乾區

藻類

19

**想一想，這句話正確嗎？**

有些城市已經開始將一部分汙水（甚至廁所用水），回收變成飲用水。

這句話是正確的！在澳洲、非洲納米比亞共和國、以及美國，都已經有城市把汙水回收再利用。因為地球上許多地方缺水，當這些地方缺水時，乾淨的水就非常寶貴。

---

## 小小的改變，創造零碳生活

### 模仿大自然運作的「循環經濟」

大自然會循環運作，像是：
昆蟲一生只吃植物的葉子，
當牠死掉時，這隻昆蟲就能為土壤提供養分，
當然也為植物提供養分。
我們模仿這種平衡的系統，創造了所謂的
「循環經濟」。這樣一來，就能夠限制過度消費，
也減少浪費有限的地球資源。

# 未來的旅行

**太好了，終於放假了！可是……我們和家人可以常常去旅行嗎？**
**畢竟飛機、汽車或是船，都會造成許多汙染！**所以2030年，
大家確實比較少旅行……不過，一旦出發，大家就會慢慢旅行。
就連公司跟學校都改變了──假期變得較少，但是每個假期的時間都
變得較長；於是，大家可以坐火車、騎自行車，甚至步行，有足夠的
時間享受風景，還能停下來跟其他人聊聊天、發現新文化。
然後，當我們旅行回來，就有很多故事可以說給大家聽。

要是夏天只想待在鄉下爺爺家呢？只要跳上連接城市跟鄉村的接駁車，
穿過大片大片的太陽能板、已經種植小樹林的大片舊時荒地，
還有被大自然慢慢接收的舊時礦坑，就到爺爺家了。
而且連路上的貨車都能「乾淨的」運行──它們用的是**生質燃料**，
或是**太陽能**，並且採用自動駕駛模式。此外，在地消費也變得
愈來愈容易，所以卡車需要行駛的路線也縮短了──
不需要把商品從這個地方運送到遙遠的另一個地方。

一大片
的太陽能板

## 零碳生活小知識

### 3D印表機

只要按一下，就能製造出不同物品？
讓我來好好說明一下吧！只需要提供
3D印表機一些設計圖，它就能堆疊一層層薄的
回收塑膠、金屬或是木頭，來進行3D「列印」
（就像作千層派那樣），家也能變身
迷你工廠！而且如果能夠找得到足夠的
泥土跟黏土，甚至能夠列印一間房子。

我們
快到了嗎？

還沒！要不要玩
爸爸印出來的
那些玩具？

接駁車

## 小小的改變，創造零碳生活

### 「購買當地產品」也能減少資源消耗

在網站上購買泳衣或是帽子，看起來似乎很方便，但是真的很不環保。首先，網路伺服器需要消耗大量的電來運作，然後為了包裝那些產品，會需要好幾噸的包裝材料，接著還需要不同的交通工具把物品從地球這一端送到另一端。所以，最好還是購買當地工廠生產的產品，他們不僅不會剝削工人，也比較尊重環境。

腳踏車道

舊時的礦坑

電動貨車

看，我沒有扶方向盤！

喔，別裝了。我知道你用的是自動駕駛！

森林再造

在地產品

ORANGES SALADES CITRONS

### 動動腦，猜猜看！

為什麼自動駕駛（協助司機開車的裝置，飛機上也有）消耗的燃料較少？

❶ 能保持固定的車速。
❷ 能選擇較好的行車路線。
❸ 行車會比較穩定。

（答案請見 37 頁）

# 未來的農業

**在未來，不論到哪一個國家度假，會發現田野裡的農作物幾乎都混雜在一起！**
也就是說，在這個完全有機的「花園森林」裡，不同的植物或作物都混合種植。
樹木不僅會結果，還能涵養水分；樹蔭下長出漂亮的蔬菜，
而這些植物也自然而然的保護了旁邊的植物不被寄生蟲侵害。

這樣的互助系統真棒，而且生物多樣性豐富——蚯蚓跟蕈菇類滋養了土壤，
樹上的鳥可以避免昆蟲過度繁殖，而蜜蜂跟其他授粉昆蟲會採蜜以及傳播花粉。
這樣一來，我們再也不需要用農藥，也不用耕地，就像在野生生態系裡，大自然會自行運作。

幸好有這種**再生農業**，土壤再次變得肥沃，我們就能收成更多的食物。
還有，因為我們減少吃肉，工業化農業（主要生產的都是飼養牲畜的作物）
就慢慢變少了、不再有一望無際的「單一作物農田」，
因為這樣的「綠色沙漠」不僅會讓土壤變得貧瘠，
也破壞了生物多樣性。

以前這裡有大片大片的棕櫚樹，是真的嗎？

是的，那叫作「單一作物」。

## 小小的改變，創造零碳生活

### 「吃蔬食」保護地球也保護你我

為了生產肉類，80%的農地必須用來
種植飼養牲畜的作物。於是，為了有足夠的
土地耕種，就必須砍伐森林、改種單一作物。
但是，這樣的耕作方式卻需要
數千公升的水灌溉（還有農藥）。
所以，還是多吃有機產品跟蔬食，
對地球比較好，對我們的健康也比較好！

花園森林

零碳生活小知識

**吃昆蟲當零食**

「下午的點心是蝗蟲」，聽起來是不是很噁心呢？
可是養殖昆蟲需要的土地面積很小，
對地球的影響也比牛羊少得多（牛羊放的屁，
就製造了很多溫室氣體）。而且昆蟲很營養，
40公克的新鮮蟋蟀（味道有點像杏仁），
其營養等於100公克的牛排。

養殖昆蟲

這裡有
輸電網絡
嗎？

沒有，只有
太陽能板。

你看，那些鴨子
在幫稻田除草、吃昆蟲，
所以我們根本不需要
農藥來保護
這些稻米。

哇，
這裡真
酷！

媽媽小時候，
連電都沒有呢。

稻田

**動動腦，猜猜看！**

哪些植物是好朋友，能相互幫助、讓彼此生長得更
好？
❶ 南瓜跟覆盆莓。
❷ 草莓跟韭蔥。
❸ 米跟香蕉。

（答案請見37頁）

# 未來的海岸

**除了南北兩極，每塊陸地都有對地球非常重要的生態系，
那就是「沿海溼地」。** 不論經過的是海草床、鹽沼，
或是紅樹林，都會驚訝的發現那些地區有一些候鳥，
還有躲藏在當中的小魚。

這只是沿海溼地的一小部分功能喔！這些有著豐富多元生物
的地區，還形成了自然屏障來對抗海浪、颱風，甚至是高漲的海平面，
所以世界各地都要保護這些地區！此外，現在大家都要進行**負責任的旅行**——
在海灘上做日光浴之餘，也要幫助海岸免於都市化、汙染，
以及侵蝕威脅，並且幫忙重建脆弱的生態系。

講這麼多都讓人開始覺得熱了，還是去水裡游泳吧！不過在海裡看到的
這些奇特設施是什麼呢？漂浮在水面上、看起來像巨蟒的東西，是透過海浪運作的
**波浪發電機**。同時，也可以在海上看到巨大的**風力發電機**——
規律且強勁的海風，可以生產比陸地上多兩倍的電力。

你知道嗎？
沒有紅樹林就
沒有海灘！

知道啊！
紅樹林的根系能
抓住沙土。

## 零碳生活小知識

### 漂浮垃圾桶

在水裡設置垃圾桶，是不是覺得很好笑呢？但是，
這些小機器會吸入海水、攔截垃圾（就算是很小的
垃圾），並且過濾漂浮在水面上的化學物質，然後
把乾淨的水排放回海裡。這些漂浮垃圾桶一年能夠
清除90,000個塑膠袋、35,700個咖啡紙杯，以及
16,500個塑膠瓶，而且還沒計算那些吸管、煙蒂，
以及迷你塑膠製品的數量呢！

紅樹林

# 小小的改變，創造零碳生活
## 穩定而永續的「海洋能」

海浪、水流跟潮汐，都能產生很大的能量喔！
為了使用這些能量，我們設置了波浪發電機——
它看起來就像巨大的救生設備，可以運用海浪的力量
來產生電力；或是潮汐發電機——運用水流或是
潮汐的升降讓海底下的葉片運轉並產生電。

## 動動腦，找找看！

海洋中的塑膠有80%來自陸地，被河流、雨水還
有風帶到海裡。由於塑膠要很多年才能分解，所以
我們無法輕易的讓它們消失！在這兩頁找找看，哪
三種方法可以避免讓這些垃圾進入海洋中呢？

（答案請見第37頁）

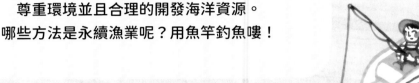

**合理開發海洋資源，建立「永續漁業」**

許多人依賴漁業生存。
但是有些捕魚技巧不僅會危害魚群，
還會破壞海底，甚至造成浪費（事實上，我們捕到
的魚當中，有三分之一不會出現在我們的餐盤
裡！）。所以，還不如採用永續漁業，
尊重環境並且合理的開發海洋資源。
哪些方法是永續漁業呢？用魚竿釣魚嘍！

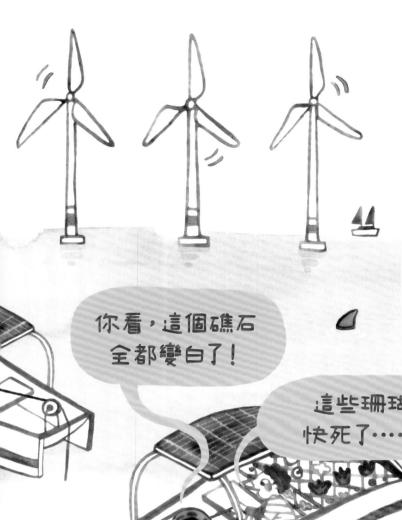

你看，這個礁石全都變白了！

這些珊瑚快死了……

# 未來的海洋

**坐上船遠離岸邊時，會先經過禁止捕魚的大片沿海保護區。**
在那片區域裡，原先受到威脅的海洋生物，以及庇護這些海洋生物的生態系
就能再生。有時候，這也需要人類的幫助，例如「珊瑚」這種海中生物，
就對海洋的生物多樣性十分重要，然而海洋酸化跟海水溫度上升，
讓牠們「白化」了。所以，我們可以養殖一些健康且有適應力的珊瑚，
放到遭破壞的珊瑚礁區。

但是，為了保護海洋，我們所做的還不止這些。有害的捕魚技術都被禁止了，
永續漁業不會讓海洋生態系變得貧瘠。過去造成汙染的船，
現在都用乾淨的能源運作，像是太陽能、風力跟水力發電，甚至是巨藻
製造的生質燃料。「巨藻」這種巨大的藻類也能讓海水不再酸化，
而過去用來探勘石油的平台，現在也成為了巨藻養殖場。
比起陸地上的植物，巨藻的生長速度快30倍，除了能改善水質，
種植巨藻也能讓海洋恢復生物多樣性，
還能儲存好幾噸的二氧化碳。

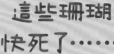

養殖珊瑚

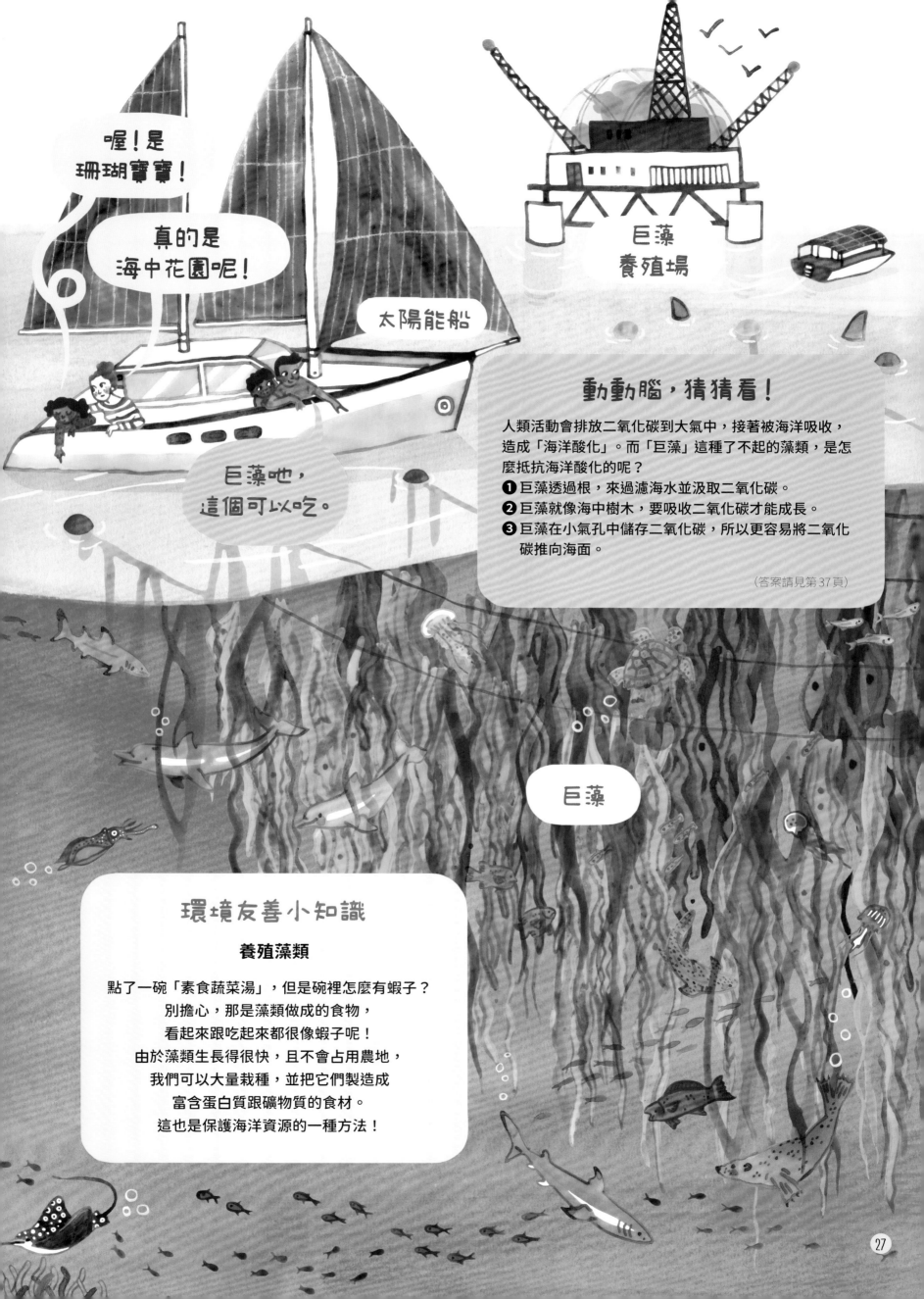

動動腦，猜猜看！

人類活動會排放二氧化碳到大氣中，接著被海洋吸收，造成「海洋酸化」。而「巨藻」這種了不起的藻類，是怎麼抵抗海洋酸化的呢？

❶ 巨藻透過根，來過濾海水並汲取二氧化碳。
❷ 巨藻就像海中樹木，要吸收二氧化碳才能成長。
❸ 巨藻在小氣孔中儲存二氧化碳，所以更容易將二氧化碳推向海面。

(答案請見第37頁)

環境友善小知識

**養殖藻類**

點了一碗「素食蔬菜湯」，但是碗裡怎麼有蝦子？
別擔心，那是藻類做成的食物，
看起來跟吃起來都很像蝦子呢！
由於藻類生長得很快，且不會占用農地，
我們可以大量栽種，並把它們製造成
富含蛋白質跟礦物質的食材。
這也是保護海洋資源的一種方法！

**生態廊道**

為動物建造生態廊道？像是蓋樓梯那樣？透過由植物構成的綠色生態廊道，就可以連接起因為農業或都市化而破碎的森林。這樣一來，動物的遷移就會變得容易許多，牠們能夠重新住到不受人類打擾的棲地上，繁衍自己的後代，還能幫助植物傳播種子。

生態好豐富啊！

# 未來的森林

**現在，我們來到熱帶雨林，身邊環繞著巨大的樹木。**幾年前，這些樹曾遭到砍伐，但是一切都過去了。森林能夠減緩氣候變遷的影響，所以真的非常珍貴，不應該被單一作物或是豢養牲畜所取代。為了重建這些重要的生態系，我們在世界各地種植了數十億棵樹，城市中也有森林，就是最好的證明。過去，許多土地上的樹都被砍光了，但是現在逐漸恢復了自然狀態。

那麼，我們正漫步其中的這座原始森林呢？長久以來，這些森林資源都面臨過度開發的威脅；不過從今以後，這些有著豐富生物多樣性的古老生態系，都受到保護，就連長期居住在此地的原住民，他們的權利跟生活型態也受到保護。況且，我們從這些原住民身上，學到了很多東西——幾千年來，他們跟環境和平共處的知識，教會我們必須遵循大自然的運行、教會我們應該照顧大自然。這樣一來不僅能以永續且負責任的方式管理資源，也更能因應氣候的變遷。

香蕉樹

## 小小的改變，創造零碳生活

### 儲存二氧化碳的「碳匯」

透過光合作用，樹木跟植物把大氣中的二氧化碳，
轉化並固化成「植物材料」（像是木頭），
這就是我們所說的「碳匯」。森林（海洋也是）
每年可以吸收並儲存上百萬噸的二氧化碳，如此一來，
就能平衡我們所釋放出的溫室氣體。

什麼！
這個村莊差點
被夷為平地
嗎？

對，因為人們
要挖金礦啊。不過
我們努力奮戰，
總算保住了
這片森林！

來吧，我帶你去找
最好吃的巴西莓。

那是什麼？
果實嗎？

是啊，
吃起來有莓果跟
巧克力的味道，
很好吃喔！

### 想一想，這句話正確嗎？

原住民居住的區域，比亞馬遜雨林
其他區域的森林砍伐程度，
少了兩到三倍。

這句話是真的！因為當地原住民會保護森林，
所以才會讓亞馬遜雨林裡南美洲人居住的地區森林景觀
保留得比其他地區更完整，甚至能大大減少森林砍伐。

巴西莓

# 未來的草原

**這趟未來之旅即將結束，我們來到因為人類活動而受到最多迫害的生態系 —— 草原**
（在各大洲，這樣的地方有不同的名稱：大草原、乾草原或是稀樹草原）。
這些富饒且肥沃的寬廣草地，漸漸被人們當成牧場或是農業用地，
而變得非常貧瘠 —— 土壤與水源受到汙染、土地遭受侵蝕，所以喪失了生物多樣性。

不過這些生態系都是**碳匯**（跟森林和海洋一樣），
能夠吸收大氣中的二氧化碳、平衡我們排放的溫室氣體，所以不能過度開發。
這些草原，跟草原上那些獨一無二的野生動物，現在都受到比較好的保護。
有些地方，野生動物幾乎消失了。但是，只要不再有偷盜者跟獵人，
並且重新引入以及制定繁殖計畫，也有助於保護大象、犀牛與獵豹。

野生動物保護區外，這些肥沃的草原上也有小型有機農場，
但是這些農場多半都使用尊重大自然的再生農業技術。
這樣一來，人們能夠繼續運用世界上最好的農業用地，卻不會破壞它們。

農場

那是什麼？

是非洲野犬！幾年前，全世界只剩下不到3,000隻。

您一直都住在這裡嗎？

是啊！我們跟我們的牛群，已經在這片土地游牧好幾世代了。

## 零碳生活小知識

### 大自然提供人類的服務

大自然提供人類許多服務：隔絕二氧化碳、調節氣候、水循環，還有傳播花粉等等。這些對人類的生存，以及抵抗氣候變遷很重要。因此，千萬不要只著重我們能夠從中取得財富的部分，像是化石燃料或是原料，而忽略了我們的環境。

# 小小的改變，創造零碳生活

## 人與野生動物和解

東非部落「馬賽族」，長久以來都依靠捕獵獅子來保護
他們的牲畜，也用獵獅來進行年輕獵人的成年禮。
然而，面對 20 世紀大量野生動物數量下降的情況，
許多馬賽族人成為獅子的守護者。他們使用先人
在非洲大草原上所獲得的知識，來保護環境。

非洲野犬

所以
有幾隻母
獅子？

四隻，然後
有三隻小獅子。

GPS定位

### 動動腦，猜猜看！

這兩頁有多少生物面臨滅絕的威脅呢？

（答案請見第37頁）

31

# 未來的地球

**現在，我們回到家裡了。鄰居們都很好奇，想知道這段未來之旅發生了什麼事。**
這很正常啊，並不是無時無刻都能進行這樣的時空旅行呢！
我們帶回了貝殼、漂亮的小石頭，還有很多故事，包括慢慢重生的大自然、
我們從各個生態系獲得的好處，當然還有為了保護地球，全世界所發生的改變。

我們的處境真的很危險啊！如果人類再不關注這件事，繼續開發、汙染
並摧毀大自然，氣候變遷將會造成很嚴重的後果──天災、大量的動植物滅絕，
甚至會缺水，並出現食物匱乏的情況。有些生態系需要許多年才能恢復，
有些則可能永遠無法恢復原本的狀態。我們已經避免讓最壞的情況發生，
因此大家必須學會適應環境，並改變我們的生活方式、政府，以及社會。

要做到這些真的很不容易，但是，從家裡的陽台看著自己居住的城市，
並想著廣大的地球時，我們會說：「這樣做是必要的！」

哇，你真的
看到大象嗎？

我比較喜歡
獅子的故事。

等等，我們
準備了一場表演，
可以透過演出告
訴你們所有事。

## 小小的改變，創造零碳生活

### 目標：只升高攝氏兩度的地球溫度

2015 年在法國巴黎舉行的第 21 屆聯合國氣候變遷
大會中，全世界元首一致決定，必須控制地球的溫
度，直到 2100 年前，只能升高攝氏兩度。不幸的是，
我們已經無法達成這個目標，要適應超過這個溫度
導致的氣候變遷，將會非常困難（但不是不可能）。

**為了地球團結起來**

控制地球的溫度不是一件容易的事。為了達成這個目標，必須改變交通、飲食，甚至是思考方式。因此我們需要科學家與領導者，當然也需要農人、老人家、藝術家跟孩子們！所有人一起創造我們想要的未來。所以，你準備好了嗎？

今晚
演出跟
音樂

天啊，
你們看，這些
櫛瓜好大啊！

對啊，我們
有好好照顧你們
的花園呢！

想一想，
這句話正確嗎？

貧窮國家居民所造成的汙染，
跟富裕國家的居民相同。

錯！根據統計，全世界最富有的人口，占全球總人口的 10%，但是這些人卻製造了大約 50% 的汙染。換句話說，我們富裕國家的居民要為大部分的汙染量負責，並不是貧窮的居民。

# 一起認識零碳生活重要詞彙！

## 再生農業

再生農業採用適應各種氣候的農耕方式，不僅能讓土壤再次變得肥沃，也有益於生物多樣性、改善水循環，以及減少需要對氣候變遷負一部分責任的二氧化碳。

## 低科技

低科技（low-tech）相對於高科技（high-tech）就是各種簡單、實用且適合所有人的科技。生產與使用這些用品時，消耗的能量或資源極少，而且很容易維護或回收。製造低科技產品的過程會尊重地球環境與生物，對環境的影響很輕微，也很容易被小地區的群體採用。像是在老舊腳踏車上安裝腳踩踏板為手機充電或是磨咖啡豆，就是低科技！

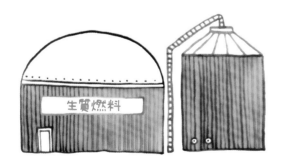

## 生質燃料

生質燃料是用有機材料製成的燃料，也就是來自植物或動物的材料，而不是像石油或煤炭那種化石能源。我們能夠用植物、藻類，甚至是農業廢棄物（例如稻草，或是動物的糞便）或家庭廢棄物（例如蔬果皮）等生產。

## 可生物分解

可生物分解的廢棄物，就是能夠被小型生物體（細菌或真菌），或是環境（雨水、陽光與溼氣等等）自然分解的廢棄物。要符合可生物分解的條件，產品的分解過程就必須快速且對環境無害。

## 生物多樣性

生物多樣性就是地球上物種種類的多樣性——生命愈多元豐富，生態系就愈蓬勃發展。這樣一來，就更容易保有像空氣、水或是食物這些必要的資源。所有物種（包括人類），都必須仰賴彼此才能生存——也讓各個生態系得以生存。當某種動物或是植物消失時，也可能影響其他物種。生物多樣性愈不豐富，生態系就會變弱，甚至被摧毀。於是，有些地方只有能適應惡劣環境的物種才能生存。

## 氣候變遷

氣候變遷（或是氣候變化）表示全世界的氣候持續改變，而這種改變有一部分是過去150年的人類活動所造成。氣候變遷對地球有著可怕的影響，例如海平面上升（這將淹沒海岸線以及附近的居住地），以及出現更頻繁的氣溫飆升、乾旱、洪水或是颱風這類天災。如今，這是全世界必須面對的極大挑戰！

## 二氧化碳

二氧化碳，又稱為「碳酸氣」，是由碳原子（C）跟氧分子（$O_2$）組成的氣體。這種氣體自然的存在地球上，且對生命成長很重要，也是進行光合作用的主要元素。可是，如今人類活動產生了過多的二氧化碳，也是氣候變遷的主因。

## 生態學（環保）

一開始，「生態學」（ecology）是研究環境以及所有生物體之間互動的科學。但是，這個詞彙也意味著：保護我們的環境並維護自然資源時，與大自然平衡共存的生活方式。因此，「ecology」也延伸出「環保」的概念。當我們說一件物品很「環保」時，指的就是它在製造與使用上，都尊重整個環境。

## 生態系

我們說的生態系，是由一群生物組合而成，加上牠們生活的環境，以及在這個環境中產生的互動（例如：掠食者與獵物間的關係）。生態系依賴著能夠讓生命發展與維繫的脆弱平衡；如果這種平衡受到威脅，例如某個物種滅絕，整個生態系就會崩潰。

## 電

當你把一個裝置連接到電源插座上時，得到的能源就是「電」。電很方便，能夠在電線中流通、不斷傳送到各個地方。因此，如今許多裝置都依靠電來運作，例如：燈泡、手機電池、電腦，某些暖氣等等。生產電的方式有很多種：風力發電、太陽能板、燃燒石油，或是燃燒煤炭來轉動渦輪機，還有就是核能發電。不過，電跟能源是不同的概念，不要弄混了。

## 能源

現存的能源有不同的型態——有化石能源（例如煤、石油或天然氣），以及再生能源（像是太陽能、水或是風）——我們需要用它們來生產電、熱或是動力。化石能源來自數百萬年被分解的植物與動物，這些能源的儲存量有限，必須愈挖愈深來探索、開採。而再生能源則是源源不絕、能夠不斷補充，也不會產生溫室氣體，因此不會讓地球的溫度升高。

## 溫室氣體

溫室氣體（像是二氧化碳或是甲烷）都自然的存在於大氣中。它們是不可缺少的氣體，能讓地球的溫度適合生命生存，並能從大氣中吸取部分來自太陽的熱能。然而人類活動（像是開採化石能源、密集農業或是砍伐森林），產生了過多的溫室氣體，因此大氣層就有愈來愈多的熱氣，讓地球的溫度升高。這就是我們所說的「溫室氣體造成了氣候變遷」。

## 綠氫

當電流從水中通過，就會產生「氫氣」（$H_2$）。這個過程叫做「電解」，可以同時產生「氧氣」與「氫氣」。如果我們一開始用的電來自再生能源（而不是化石能源），就可以說這樣產生的「氫氣」是「綠氫」。未來，我們可以用綠氫來運轉汽車、卡車或是船的馬達，這樣一來將不再排放二氧化碳，只會產生水蒸氣。

## 絕緣

絕緣能夠讓房子冬暖夏涼，也能夠減少能源使用量。事實上，如果建築物的絕緣做得好，就不需要消耗電在冬天開暖氣，或是在夏天開冷氣。因此，我們可以運用大自然中的絕緣材料，像是軟木塞、羊毛或是麻，甚至是運用仿生學，從大自然汲取靈感造出更聰明的建築（請參考第13頁）。

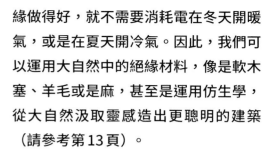

## 原料

從大自然中提取、被人類運用的資源就是「原料」。例如，我們用「稀土」來製造電器用品，或是用「石油」作為能源。不幸的是，如今我們消耗了太多原料，像是礦物質、金屬、化石能源等等。開採這些自然資源不僅破壞了許多生態系，也產生了愈來愈多溫室氣體。

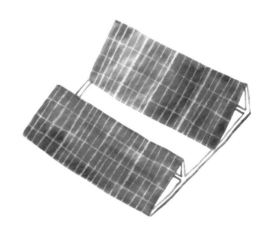

## 太陽能板

太陽能板能夠將一部分的陽光轉化成電能（光伏發電系統），或是熱能（太陽能熱水系統）。「光伏發電系統」能夠讓各種電器運作，就連沒有直接連結電網的房子也能使用；至於太陽能熱水系統，則能產生熱水、供應暖氣。

### 農藥

農藥這種化學藥劑，可以殺死對穀物、水果或蔬菜等作物有害的昆蟲、真菌或植物。可惜的是，有些產品也會危害健康跟環境！為了取代農藥，可以運用許多技巧，例如：用工具或機器來除草，或是用天然的除蟲劑，甚至種植多樣化的作物（同時種植不同種類的植物，它們能夠互相幫助，去除昆蟲、疾病或寄生蟲）。還可以在田野間設置陷阱作物來吸引昆蟲，讓牠們遠離主要作物。

### 授粉昆蟲

授粉是將雄蕊（花的雄性器官）產生的花粉，運送到雌蕊（花的雌性器官）的過程。必須將花粉放到同一物種但另一朵花的雌蕊上，才能讓植物繁殖。授粉後的花會開始形成種子，種子再慢慢形成果實。大多數的植物依靠風運送花粉，但是一些特別的昆蟲也扮演著傳遞花粉的角色（例如蜜蜂或蝴蝶）。沒有這些授粉昆蟲，就沒有果實、蔬菜、香料，甚至是巧克力！

### 稀土

雖然有17種金屬被我們稱作「稀土」，但是並不是全部都很稀有。不過，這些金屬卻是製造許多尖端科技產品不可或缺的原料，像是電池、手機、電腦，還有太陽能板、LED，以及風力發電機。開採這些金屬不僅困難，也很昂貴，還會製造出大量的有毒廢物，而且保存期限很短。好消息是，我們已經能從現有的廢棄物中回收這些金屬。不過，還是先從減少購買電子產品開始吧！

### 光合作用

植物中含有葉綠素，也就是能夠吸收太陽光的綠色色素。透過太陽光以及從根部吸收上來的水分，植物能把大氣中的二氧化碳轉化成糖分，讓植物生長。這段過程會排出氧氣，而二氧化碳的碳，就保存在植物中。

### 過度消費

過度消費就是「購買我們不需要的食物、衣服跟物品」。這種行為會浪費地球上的自然資源，像是水、食物，還有金屬或木頭等原料。所以最好以合理的方式消費，也就是注意我們的消費對環境、對大家的健康，以及對整個社會所造成的影響。

# 檢查看看，你都答對了嗎？

## 未來的房間（P. 9）

**2030年，預估地球將會有多少人口？**

A：❷ 80～90億人。2020年，地球上已經有78億人口。我們預估到2030年，地球上將會有85億人口；而到了2050年，人口總數可能會將近100億人。這個數量比起2020年，幾乎增加了20億人口，甚至是中國人口的1.4倍。

## 未來的交通（P. 15）

**在法國巴黎開車，一年大概會被困在塞車車陣裡多久？**

A：❸ 一年大概一星期。擁有車輛的巴黎人，平均一年會被困在塞車車陣當中165個小時……也就是大約一星期。

## 未來的學校（P. 17）

**你可以在這兩頁中，找出葛莉塔·通貝里（Greta Thunberg）嗎？**

A：學校牆上貼的海報，就是葛莉塔·通貝里。

## 未來的旅行（P. 21）

**為什麼自動駕駛（協助司機開車的裝置，飛機上也有）消耗的燃料較少？**

A：❶、❷、❸，都是對的。避免突然煞車、不適當的加速，或是避免在路上蛇行，都能節省大量燃料。但是，若因為長途旅行而感到疲憊時，要做到這幾點並不容易。使用自動駕駛就能協助司機平穩行車、保持固定的速度，以及選擇較好的行車路線，這樣就能夠消耗較少的燃料。

## 未來的農業（P. 23）

**哪些植物是好朋友，能相互幫助、讓彼此生長得更好？**

A：❷ 草莓跟韭蔥。它們會保護彼此不受寄生蟲跟疾病傷害。至於稻米呢，可以選擇在田間養鴨子或魚比較好；南瓜比較喜歡跟玉米還有四季豆一起生長。

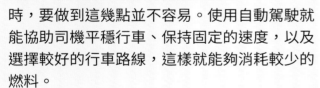

## 未來的海岸（P. 24～25）

**在這兩頁找找看，哪三種方法可以避免讓這些垃圾進入海洋中呢？**

A：為了避免塑膠垃圾進入海洋，可以：

- 在雨水排水管、河口，甚至是港口，加裝能夠過濾廢棄物的濾網，讓廢棄物無法進到海洋中。
- 使用漂浮垃圾桶清理港口、湖泊與河流裡的垃圾。
- 在海灘上設置分類回收箱，撿拾海岸邊的塑膠垃圾並且分類回收。

## 未來的海洋（P. 27）

**「巨藻」這種了不起的藻類，是怎麼抵抗海洋酸化的呢？**

A：❷ 巨藻就像海中樹木，要吸收二氧化碳才能成長。巨藻透過光合作用，將在水中的二氧化碳轉化成糖分、供應自己成長。減少水中的二氧化碳，就能減緩海洋酸化。

## 未來的草原（P. 30～31）

**這兩頁有多少生物面臨滅絕的威脅呢？**

A：當你閱讀這本書的時候，黑犀牛、非洲象、非洲野犬、獵豹以及大羚羊，都面臨著即將滅絕的危險。

## 愛曼汀‧湯瑪士
### （Amandine Thomas）
— 著 —

1988年出生的愛曼汀畢業於「法國國立高等裝飾藝術學院」（École des Arts
Décoratifs）。她在23歲的時候移居澳洲，且於澳洲知名雜誌 *Dumbo Feather*
擔任藝術總監。這段期間裡，她深刻的體會與感受到當地團體對於環境保護的
吶喊。在墨爾本待了六年之後，愛曼汀搬回了法國，目前她居住在波爾多地
區。2014年，她的作品 *Le chat qui n'était à personne* 在法國瑟堡圖書節
（festival du livre de Cherbourg）獲獎，充分展現出創作天賦與活力。


## 周明佳
— 譯 —

巴黎第五大學社會學碩士，南澳大學文化與藝術管理碩士。熱愛閱讀、旅遊、
各種文化活動，也熱中於身心靈與社會發展等相關議題。譯有《那一天》、《大
眾臉先生》、《巴黎之胃》、《懂文化的男人才時尚》、《時尚頑童》與《美的
救贖》等書。目前為自由譯者與文字工作者。